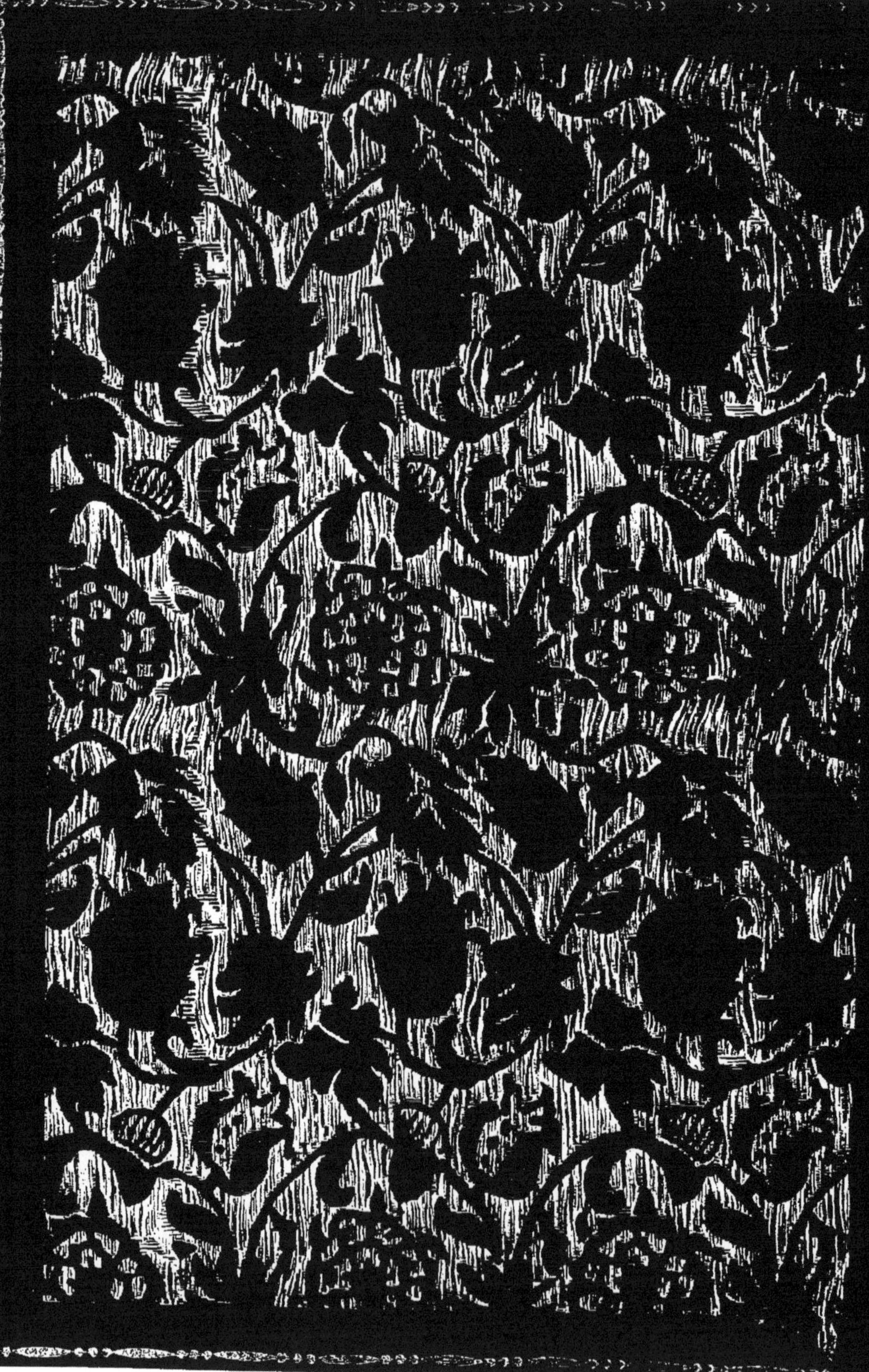

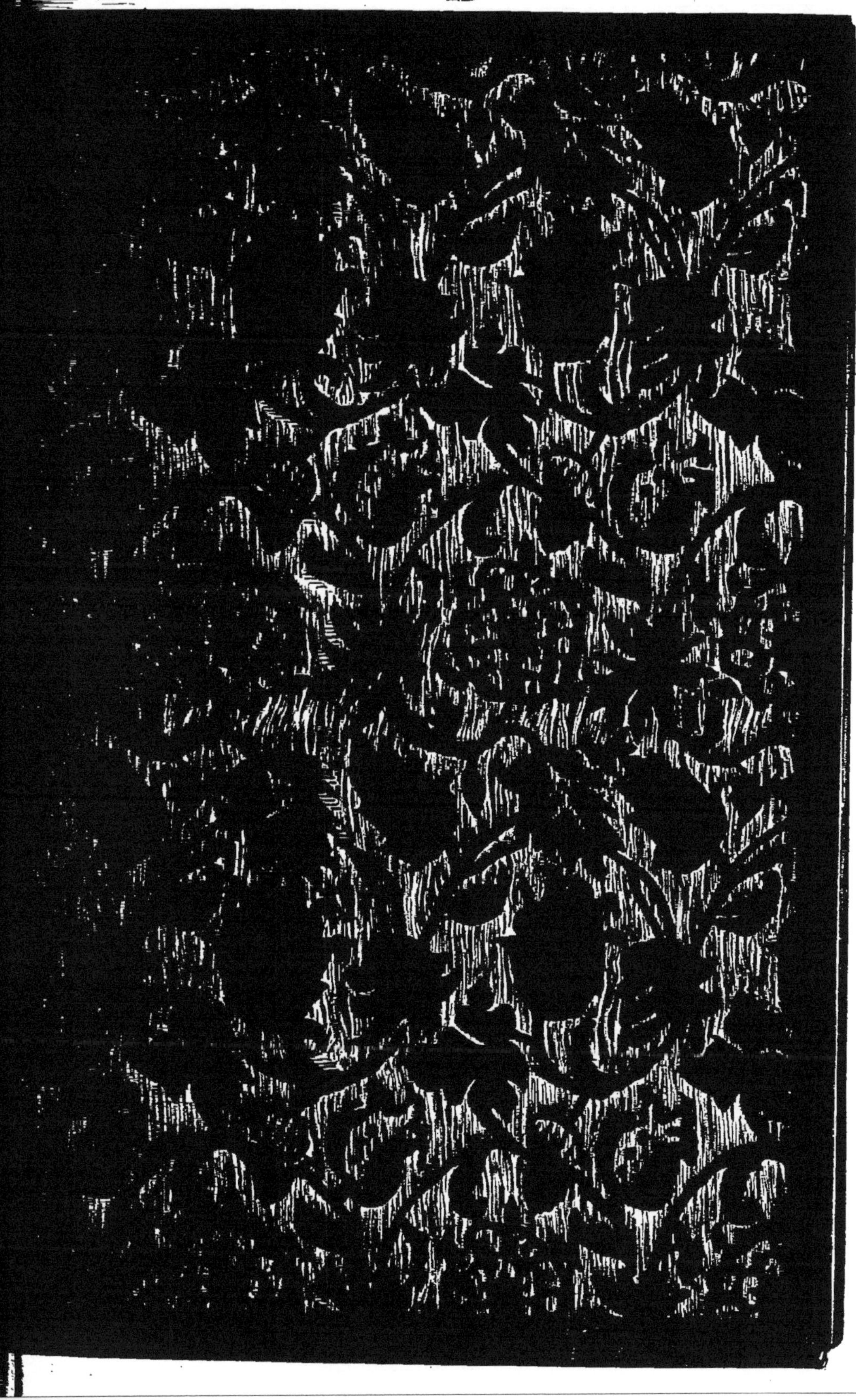

ESSAI

SUR LES ROSES.

ESSAI

SUR LES ROSES;

PAR J.-P. VIBERT,

A CHENEVIÈRES-SUR-MARNE.

Et toujours entouré de dons et de promesses,
Il sème, attend, recueille ou compte ses richesses.
DELILLE, *Homme des champs*.

A PARIS,

CHEZ MADAME HUZARD LIBRAIRE,

RUE DE L'ÉPERON, N°. 7.

1824.

IMPRIMERIE DE MADAME HUZARD (NÉE VALLAT LA CHAPELLE),

RUE DE L'ÉPERON, N°. 7.

AVANT-PROPOS.

En publiant cet ouvrage, je ne me suis dissimulé ni les difficultés d'un pareil travail, ni le soin plus difficile encore d'accorder tant de sentimens divers et de tenir la balance égale entre la prévention, qui voit tout avec indulgence, et l'amour-propre, qui n'est pas toujours disposé à rendre hommage à la vérité. Né pour observer plutôt que pour écrire, il me faudrait, pour traiter cette matière, un courage dont je ne me sens pas capable, et des talens qui me manquent. Des momens dérobés au sommeil, ou empruntés à ces jours où la rigueur de la saison interdit toute occupation au dehors, tels sont à-peu-près les seuls instans dont je peux disposer : n'attendez donc pas de moi un travail suivi, je ne saurais m'y résoudre ; et ma paresse, à cet égard, ne saurait être vaincue par l'attrait du sujet. Riche, un jour, des succès de nos travaux et des ré-

sultats de nos expériences (je parle en général); une plume mieux exercée ou une
main plus habile pourra donner plus de
développement à cette ébauche : non, tout
n'est pas dit sur cette intéressante matière.
L'art, il est vrai, a bien surpris quelques
secrets à la nature; mais elle n'a pas posé
de bornes à ses bienfaits; le talent qui la
seconde peut la maîtriser quelquefois, elle
cède à la patience et se trahit tôt ou tard.

Indépendant par caractère et par ma
position, je rendrai toujours justice à ceux
dont les efforts, les travaux ou les succès,
auront contribué à augmenter nos jouissances. Mes intérêts, je le sais, pourront souffrir de quelques confidences ;
mais je ne m'en crois pas moins obligé à
une sévère impartialité envers tous. Cette
raison m'autorise, du moins, à m'élever
contre quelques erreurs, dont plusieurs
ont été successivement copiées par ceux
qui ont écrit sur ce sujet. En culture
comme en morale, les erreurs deviennent
plus graves lorsqu'elles sont émises par

ceux qui, par leur position sociale ou leurs connaissances, peuvent autoriser les autres à ne pas les examiner. Dans une science aussi étendue que l'agriculture, et dont les détails immenses se lient de tous côtés à l'histoire naturelle, il ne faut point s'étonner que ceux qui ont fait une étude particulière de la botanique n'aient pas toujours traité la partie de la culture d'une manière satisfaisante. Observons, d'ailleurs, qu'un traité sur la culture de telle ou telle plante ou arbuste ne donne que des règles générales, et que les détails minutieux que de pareils ouvrages comporteraient font partie de ces choses que l'on conçoit assez facilement, mais qui ne s'expriment qu'avec de grandes difficultés. Si je m'avisais de confier au papier tous les détails concernant la culture des rosiers, considérés dans toutes leurs parties et dans les soins particuliers que chaque variété réclame, je suis convaincu qu'il n'existe pas vingt personnes, amateurs même, capables d'en supporter la lecture

sans ennui. On peut être un fort bon botaniste et un médiocre cultivateur ; l'on
peut être de même très-bon cultivateur
et se tromper dans quelques applications
qui tiennent à l'ordre ou à la nomenclature, ou croire trop légèrement à des descriptions erronées. On aurait, sans doute,
évité de grandes méprises, si ceux qui ont
écrit sur la culture eussent daigné con-
sulter plus souvent ceux qui ont fait une
étude spéciale des parties qu'ils traitaient.
C'est à cette confiance aveugle pour des
faits même plus que douteux, et qui n'auraient pas dû être publiés sans un examen
sévère, que nous devons tant d'annonces
erronées de roses extraordinaires, démen-
ties par la nature dès l'année suivante.
Toutefois, en signalant ces erreurs, je gar-
derai le silence sur le nom de leurs auteurs,
convaincu que la cause première n'en existe
que dans la difficulté de se procurer des
renseignemens positifs, appuyés par l'expérience et confirmés par le temps. N'ayant
pas l'habitude d'écrire, je réclamerai quel-

que indulgence pour un travail entrepris sans motif d'intérêt, auquel j'ai même été invité par plusieurs personnes d'un mérite distingué, qui ont bien voulu me croire capable de remplir une pareille tâche. Je sais tout ce qu'impose une telle confiance, et je m'efforcerai de la mériter, en ne présentant dans cet ouvrage que des faits positifs, dont j'aurai moi-même acquis la certitude, ou en n'indiquant, au moins, que d'une manière dubitative ceux sur lesquels il serait encore besoin de la sanction du temps. Je diviserai, pour plus de clarté, ces cahiers par chapitres, en observant que l'extension que prend cette culture chez nous comme chez l'étranger me forcera, sans doute, à traiter quelquefois la matière d'un même chapitre dans plusieurs cahiers différens. Nous marchons maintenant de merveilles en merveilles ; une noble émulation s'est emparée de beaucoup de personnes qui, par le rang qu'elles occupent dans la société, leurs connaissances acquises et leur goût, concourent puissamment à augmenter nos richesses en ce genre. Je consacrerai un chapitre de ce cahier à présenter, d'une manière rapide, le point d'où nous sommes partis et celui où nous sommes parvenus. L'imagination s'étonne d'abord d'un pareil résultat ; cependant, en considérant combien sont grands maintenant les moyens que nous possédons, on peut, avec certitude, affirmer qu'avant peu d'années le nombre des roses réellement intéressantes sera doublé. Je ferai connaître et je décrirai même celles qui, par la singularité de leurs caractères ou la beauté de leurs fleurs, s'écarteraient sensiblement de ce que nous possédons, lorsque toutefois, cultivées d'abord chez moi, j'aurai pu juger par moi-même de leur mérite réel. Je sais trop à combien d'erreurs s'exposent ceux qui s'en rapportent, en pareil cas, au jugement des autres ; je m'attacherai donc à la plus scrupuleuse exactitude, en ne prenant mes observations que sur des sujets francs de pied, cultivés avec soin, mais sans excès des moyens qui peuvent procurer momentanément une végétation extraordinaire, ou des circonstances qui pourraient tendre à l'affaiblir. Je m'appuierai quelquefois d'exemples, persuadé que, dans beaucoup d'occasions au moins, ils abrègent les explications et aident à la conception. Je prendrai les mots dans leur rigoureuse acception ; car personne n'est plus convaincu que moi que c'est à cette ridicule exagération que nous devons une grande partie des embarras de la nomenclature, assez riche des dons de la nature pour se passer de ces ornemens superflus, pour rendre intéressans ces hôtes aimables de nos jardins : je les peindrai telles qu'elles sont, et je me reposerai avec sécurité sur leur muette éloquence.

Peu familiarisé avec les termes botaniques, j'en userai sobrement ; ce moyen me paraissant d'ailleurs convenable pour me faire comprendre plus facilement du très-grand nombre de personnes qui, bien qu'amateurs, n'ont pas fait de cette science une étude spéciale. Je désavoue d'avance toutes expressions qui pourraient porter à croire que des motifs d'intérêt ou d'amour-propre me les ont pu dicter ; mais sans m'écarter des convenances que la bienséance réclame, je ne prétends pas faire de sacrifice à la vérité ni m'interdire l'examen de ce qui a été écrit sur cette matière, et j'attaquerai l'erreur ou l'exagération par-tout où je les rencontrerai. Je livre d'avance à une critique éclairée, judicieuse et polie tout ce que je pourrai dire ; je la provoque même dans l'intérêt de cette belle culture, et j'en appelle avec confiance, pour la droiture de mes intentions, à cette portion intéressante de la société qui, par son instruction et ses connaissances, est mon juge naturel.

ESSAI

SUR LES ROSES.

CHAPITRE PREMIER.

CONSIDÉRATIONS GÉNÉRALES.

L'état de la culture chez les anciens a dû, sans doute, suivre les différens degrés de la civilisation. Si, en effet, nous portons nos regards vers ces temps reculés, nous voyons l'homme, à peine sorti de l'ignorance et de la barbarie, entourer les temples de ses dieux de bois et de jardins, décorer leurs autels de fleurs et de fruits, en parer leurs idoles, et nous prouver, par l'exemple de tous les peuples et de tous les âges, que l'homme tend toujours à emprunter à la nature ses plus douces jouissances. L'origine de la culture de la rose se perd dans la nuit des temps, et les ténèbres qui entourent le berceau des premiers peuples la couvrent également. L'Égypte, le premier pays civilisé sur lequel nous ayons des notions un peu certaines, nous montre que, sous plusieurs de ses rois, la culture fut portée à un assez haut degré de perfection. Tout porte à croire que ces peuples s'occupèrent avec quelque succès de la culture des fleurs. Il est fait plusieurs fois mention des roses dans l'*Histoire du peuple juif ;* le livre de l'*Ecclésiaste* parle de celle de Jéricho : on les voit figurer dans les cérémonies de la religion et les ornemens du grand-prêtre. Déjà elle tenait un rang distingué parmi les fleurs, et si elle ne porte pas encore le nom de leur reine, on voit, du moins, qu'elle en avait les prérogatives. La Grèce, qui reçut de l'Égypte une partie de son culte et de ses lois, ne dut pas négliger des connaissances qui, dès-lors, devaient être considérées comme nécessaires au bonheur des peuples. Bientôt, perfectionnant les leçons de leurs maîtres, les Grecs parvinrent, dans les sciences et dans les arts, à cette suprématie qu'aucun peuple contemporain ne pouvait leur disputer : nous pouvons croire, d'après cela, que ceux qui, dans les arts dépendant du dessin, nous ont laissé des modèles justement admirés encore, ont dû, dans la décoration de leurs jardins et dans ce qui tenait à la culture d'agrément, porter le goût et le génie particuliers qui étaient propres à leurs nations. Ce n'est que vers ce temps que l'on retrouve des traces au moins certaines de la culture de la rose, qui, de l'Égypte, passa chez eux. L'usage fréquent qu'ils faisaient des fleurs dans les sacrifices, dans les cérémonies publiques, et jusque dans leurs repas, ne nous permet pas de douter que ce genre de culture ne fût étendu et soigné, bien qu'ils ignorassent l'usage des couches et des serres. Plusieurs lieux de la Grèce tirèrent leurs noms de fleurs qu'on y cultivait de préférence, et la ville de Rhodes, selon le témoignage de plusieurs auteurs, dut le sien à la quantité de roses cultivées dans son voisinage. Pausanias, qui nous a laissé sur ces contrées des détails si précieux, confirme leur sentiment. Chez ce peuple, porté à la volupté autant par l'influence du climat que par celle de la religion, la rose fut et devait être regardée comme la première des fleurs; elle fut appelée par les anciens la splendeur des plantes, et dès le temps de Pline, elle était déjà regardée comme la reine des fleurs, et comme une panacée universelle. Sapho et Anacréon firent des odes à sa gloire, et plusieurs peuples se sont accordés pour lui donner une origine surnaturelle. Protégée par le beau ciel de la Grèce, on la voit se placer au premier rang des fleurs, et occuper dans l'empire de Flore une place qu'elle ne devait plus perdre. Plus tard, lorsque les conquêtes des Romains eurent adouci leurs mœurs, nous les voyons tributaires de l'Égypte sous ce rapport, et ce ne fut que long-temps après qu'ils les cultivèrent eux-mêmes. En général, les anciens faisaient des roses une étonnante consommation. Suspendues en guirlandes ou tressées en couronnes, on les retrouve toujours ornant les temples, les autels et les statues des dieux, ou les tables et le front des joyeux disciples d'Épicure.

Les anciens, comme les modernes, ont fait de la rose le sujet des plus heureuses allusions. Image de la beauté fugitive, attribut de la modestie, symbole de la pudeur, par-tout on la retrouve, sous d'ingénieux emblèmes, prêtant son secours à l'imagination des poëtes, parant le front de l'innocence et le sein de la beauté.

Mais quelles étaient, à ces diverses époques, les roses que l'on cultivait? Quelle rose servit à tresser les couronnes d'Anacréon, chantre immortel de cette belle fleur, ou prêta l'éclat de sa fraîcheur aux charmes de la voluptueuse Aspasie? Muses, apprenez-nous, du moins, quelles furent celles qui inspirèrent la trop tendre Sapho.

Quelques-unes de ces roses étaient doubles
sans doute, les monumens des arts semblent
l'attester. Tout ce que les auteurs anciens nous
ont laissé, à ce sujet, ne peut servir qu'à for-
mer des conjectures encore très-hasardées ; il
est du moins certain que si cette culture était
très-répandue, les espèces ou variétés en étaient
peu nombreuses. Pline, parmi les anciens, est
celui qui en parle le plus, et le peu de roses
qu'il dénomme ne peuvent être reconnues par
nous, vu qu'il ne les a pas suffisamment décrites. On a émis, à cet égard, beaucoup d'opinions diverses, dont aucune n'est satisfaisante,
et il n'est pas probable que ce point d'histoire
naturelle puisse jamais être éclairci. Cet auteur
nous dit dans un de ses livres, en parlant des
travaux qui ont lieu à différentes époques de
l'année : « En ce mois, on bine la vigne et les rosiers ; » ce qui suppose nécessairement des cultures en grande partie : nous avons d'ailleurs
des preuves incontestables que, dans ces temps,
les Romains en faisaient une prodigieuse consommation, et qu'ils les cultivaient eux-mêmes.
Virgile parle, dans ses *Géorgiques*, des roses
des environs de Pœstum, qui fleurissaient deux
fois, et de là on infère que les quatre saisons
ont été connues des anciens ; mais on ne réflé-

chit pas que cet auteur a usé librement des li-
cences poétiques, et que, quelques vers plus bas,
il parle de vignes qui donnaient deux récoltes,
et de brebis qui portaient deux fois l'an. Virgile
n'était pas seulement bon poëte, il était aussi bon
agriculteur, et n'a jamais cru, sans doute, que
le hêtre pût se greffer sur le châtaignier, et le
poirier sur le frêne; mais il parlait à un peuple
qui, prétendant à l'empire du monde, et fier de
ses succès, avait besoin d'être fortement ému,
et dont l'imagination exaltée n'aurait su se con-
tenter de vérités simples et positives.

Les guerres qui précédèrent et suivirent la
décadence de l'empire romain durent faire négc-
gliger les roses; leurs beaux jours avaient dis-
paru avec ceux d'Athènes et de Rome, et pendant plusieurs siècles il paraît qu'on s'en oc-
cupa peu. A plusieurs époques de notre histoire,
nous voyons qu'elles étaient rares en France.
Liger, auteur d'un ouvrage intitulé *le Jardin
fleuriste*, imprimé en 1768, nous donne, sur les
rosiers cultivés alors, quelques renseignemens
qui prouvent évidemment combien nous étions
pauvres : il n'en décrit que quatorze, dont plusieurs ne nous sont plus connus, et le détail
qu'il nous transmet sur leur culture atteste le
peu de connaissances que l'on possédait de son

temps. Je remarque qu'à cette époque la greffe sur églantier était déjà connue, mais qu'il ne paraît pas qu'elle fût beaucoup en usage.

Quand on considère maintenant que la culture du rosier remonte à la plus haute antiquité, qu'elle fut connue de tous les peuples civilisés, combien ne doit-on pas s'étonner de voir que c'est seulement de nos jours qu'on s'est occupé de le multiplier par ses semences? Notre étonnement augmente encore quand on voit, bien avant cette époque, le patient Hollandais semer ses tulipes et attendre, pendant six ou huit ans, que la nature ait mis la dernière main aux brillantes couleurs de cette fleur; et lorsque chez nous M. Duhamel et d'autres agriculteurs célèbres avaient déjà reconnu combien la nature offrait de variétés par le moyen des semences, comment de tels indices n'ont-ils pas conduit plus tôt aux résultats que depuis nous avons obtenus? Ce n'est guère que depuis vingt-cinq ou trente ans qu'on s'est occupé avec quelque avantage de multiplier les rosiers par le moyen de la greffe et des semences. Depuis quelques années sur-tout, cette culture a fait des progrès rapides, le nombre des amateurs s'est beaucoup multiplié; quelques-uns ont franchi avec succès les premières difficultés que cette culture présentait. MM. Vilmorin, Dupont et Descemet, ont attaché leurs noms à ce beau genre, et, depuis, plusieurs savans ont consacré leurs talens à leur classement et à la description de leurs caractères : MM. Vilmorin (père) et Dupont sont ceux qui, chez nous, commencèrent à réunir les variétés de ce beau genre. A une époque que je ne peux préciser, mais qui doit remonter à plus de vingt ans, on reçut de la Hesse un assez grand nombre de roses pour le temps, dont la note est entre mes mains, et dont plusieurs, sous d'autres noms, figurent encore dans nos collections. Je pense, avec quelque raison, que le nombre des roses qui étaient cultivées en France n'excédait pas un cent d'espèces ou variétés ; encore admettait-on alors beaucoup de sortes de peu d'intérêt, et qui, depuis, ont été supprimées. En 1810, M. Descemet, qui portait à cette fleur un intérêt particulier, était celui qui avait réuni le plus grand nombre : c'est de cette époque que commencent à dater, chez nous, les semis de quelque importance, et mes premiers ne sont que de 1812. J'acquis, en 1814 et 1815, toutes les roses de la collection de ce cultivateur, qui pouvait s'élever à deux cent cinquante espèces ou variétés ; mais il se trouvait environ dix mille semences, dont la moitié de trois à quatre ans. Presque tous ces rosiers fleurirent en 1816, 1817 et 1818. Le succès passa mon attente; un grand nombre de roses du premier mérite furent dues à ces semis, dont le résultat eut des conséquences importantes pour la culture de cette fleur. Jusque-là, la Hollande avait conservé sa suprématie, quoique les provins fussent à-peu-près les seuls qu'ils cultivaient. Il est juste de reconnaître qu'ils ont semé bien avant nous, et que nous leur devons une grande partie de nos belles roses dans les couleurs foncées : aujourd'hui même encore quelques cent-feuilles et damas sont, avec leurs provins, presque les seules classes qu'ils cultivent; le peu qu'ils ont dans les autres espèces leur est en grande partie venu de chez nous. Peu favorisée par la nature pour la maturité des fruits, l'Angleterre livrait au commerce quelques roses de son sol, mais un assez grand nombre d'espèces exotiques, intéressantes, pour la plupart, par leur feuillage et la diversité de leurs caractères. Depuis, quelques bonnes pimprenelles et presque toutes nos mousseuses sont sorties de chez eux; mais dût l'amour-propre britannique souffrir de cet aveu, c'est à nous qu'ils doivent maintenant leurs plus belles variétés, dont le plus grand nombre sont sorties de chez moi. Avouons, en passant, qu'en général ils attachent beaucoup plus d'importance que nous à la culture d'agrément, et j'aurai, dans un autre chapitre, en traitant ce sujet, l'occasion de leur rendre justice. Quelques bengales étaient et sont encore presque les seules roses que l'Italie nous ait fournies.

Tels étaient à-peu-près, en 1818, les élémens de nos collections ; mais, depuis, nos richesses en ce genre se sont considérablement accrues, et chaque année présente de nouvelles espérances ou couronne de nouveaux succès. Aujourd'hui, avec le goût de cette culture, s'étend le goût des bons principes. Une noble émulation s'est emparée des amans de Flore ; quelques-uns de nos marchands, beaucoup de nos amateurs, soutiennent dignement l'honneur de ce beau genre.

La France n'a rien à envier à l'étranger, et si cette culture n'a pas encore atteint par-tout le degré de perfection dont elle est susceptible, au moins, le dépôt des secrets surpris à la nature se conserve avec soin chez ceux qui ont fait de cette belle culture une étude particulière. Mes relations me prouvent que nous ne sommes pas les seuls qui s'y intéressent : l'Angleterre, la Hollande, l'Italie, la Pologne, la Russie même,

comptent des amateurs instruits, des cultivateurs éclairés, qui s'en occupent avec zèle et
même avec succès. Chez nous, le beau sexe té-
moigne à cette fleur une prédilection bien prononcée ; et si, prenant ce mot dans sa rigoureuse acception, on compte encore peu de dames
amateurs, au moins, ne saurait-on nier que
beaucoup ne lui accordent une honorable et gé-
néreuse protection.

Des classes d'abord peu nombreuses ont été
augmentées, d'autres considérablement étendues. La série si intéressante des *alba*, dont je
me suis beaucoup occupé, se compose maintenant, chez moi, de plus de soixante-dix variétés : on en pourrait dire autant des damas et
des cent-feuilles. Quelques espèces ont, à la vérité, excité plus particulièrement le zèle des
amateurs : les mousseuses, les perpétuelles, les
bengales sur-tout, ont obtenu une préférence
marquée ; par-tout où le climat a permis au
fruit de mûrir, on a vu les amateurs s'empres-
ser d'en confier les semences à la terre. Les difficultés que présentait l'éducation de ces jeunes
plantes ne les a pas arrêtés : la nature en a favo-
risé quelques-uns, le hasard en a servi d'autres,
le zèle a quelquefois suppléé à l'expérience ; mais
de ce concours de circonstances et de volontés

dirigées vers le même but, il est résulté, pour nos jouissances, des conquêtes de la plus haute importance. En considérant ce qui se trouve aujourd'hui réuni chez moi, et ce que mes relations me font connaître, on peut porter à environ un cent le nombre des variétés de bengales et noisettes que nous possédons, et ce calcul est loin d'être exagéré; car plus de quatre-vingt-cinq existent chez moi, et j'ai vu une partie des autres (1). Plus de vingt-cinq variétés de noisettes sont comprises dans cette quantité, qui présentent presque toutes les nuances, depuis le blanc le plus pur jusqu'au pourpre, et dont plusieurs sont à fleurs pleines. Cette année comptera dans les fastes de Flore comme une époque mémorable, autant par le nombre et l'importance des découvertes, que par l'intérêt bien prononcé que beaucoup de personnes portent maintenant à cette fleur. Le moment approche où nos jouissances ne seront plus interrompues que par le plus grand froid de l'hiver, et où la continuité de la floraison, sur plus de cent-vingt espèces ou variétés, nous permettra d'at-

---

(1) Je donnerai dans les cahiers suivans la description détaillée de ces noisettes et bengales, et je ferai connaître l'année où ils pourront être mis dans le commerce.

tendre avec plus de patience les premières fleurs du printemps.

Si nous considérons maintenant que la plus grande partie de toutes ces variétés proviennent, presque toutes, originairement de la noisette et de quelques bengales, combien sont grandes les espérances auxquelles il est permis de se livrer ! Il est actuellement bien difficile de présumer quel sera le terme de nos travaux. Je compte, au moins, soixante variétés qui arrêtent leurs fruits, et qui n'ont besoin que d'une année chaude pour les amener à une maturité parfaite. J'ai fait en grand quelques dispositions qui me permettent d'espérer que, dans peu d'années, je pourrai reculer encore de beaucoup les bornes de cette intéressante série.

Les roses n'ont plus rien à envier maintenant aux autres genres. Seules, elles réunissent tous les agrémens que la nature avait partagés entre tant d'autres fleurs : aucune ne présente un aussi grand nombre de variétés, des odeurs plus suaves, des formes plus agréables ou des couleurs plus variées. Prodigue envers ce beau genre, si la nature ne lui refusa rien, l'homme, du moins, peut s'enorgueillir d'avoir surpris une partie de ses secrets, et d'avoir, par ses travaux, contribué à l'amélioration de ses dons. Le degré de richesse où nous sommes parvenus aujourd'hui a droit d'occuper les méditations des savans et de ceux qui s'occupent de la culture en général. Le nom d'aucun gouvernement ne s'associe particulièrement à la gloire de ces innocentes découvertes, de simples particuliers ont tout fait. L'Angleterre et la Hollande sont les seuls pays où la culture d'agrément ait obtenu quelques protections, encore ne les doivent-ils qu'à des sociétés. Je me propose d'examiner, dans un de ces chapitres, s'il ne serait pas de l'intérêt du gouvernement d'encourager davantage, chez nous, ces sortes de cultures, qui contribuent si efficacement à la décoration de nos jardins, qui, par les douces jouissances qu'elles procurent, ne sont pas sans influence sur nos mœurs, et dont l'Angleterre, plus habile que nous, a su faire une branche de commerce importante.

CHAPITRE II.

ERREUR. —— EXAGÉRATION.

S'il est vrai qu'en tout temps l'homme fut toujours porté à prêter des vertus surnaturelles aux objets qui frappèrent le plus ses sens, les roses pourraient, jusqu'à un certain point, faire excuser ces brillantes chimères de l'imagination. Les anciens, qui n'en possédaient qu'un petit nombre, n'attachaient pas moins d'importance que nous à cette culture. Ils prodiguèrent à cette fleur les titres les plus pompeux, la regardèrent comme un remède à tous les maux, et lui donnant une origine céleste, formèrent ces couleurs du sang de Vénus, de l'Amour ou d'Adonis. Heureux ces temps où les dieux étaient pour quelque chose dans les plaisirs des humains, et où les froids calculs de la politique n'avaient pas encore détruit chez les puissans de la terre ces douces illusions d'une riante imagination ! Privilége exclusif du mérite et de la beauté, les roses, depuis quatre mille ans, ont su conserver la première place dans l'empire de Flore. Les générations se sont éteintes, les peuples se sont succédé, Athènes et Rome sont tombées debout au milieu de ces ruines fameuses : bravant les révolutions du temps, cette reine des fleurs se présente aujourd'hui à ses nombreux amans plus fraîche, plus belle et plus aimable que jamais.

Si les roses purent se passer d'ornemens étrangers, c'est sans doute aujourd'hui qu'elles ont atteint, sous tous les rapports, un degré de perfection qu'on n'eût même osé espérer il y a dix ans. Les roses seront-elles les seules choses dont on ne pourra parler sans exagération, ou croit-on que les mots, pris dans leur véritable acception, ne puissent suffire à leur description? Fille de la nature et simple comme elle, Flore n'exige pas de nous que nous prêtions à ses dons des beautés imaginaires : elle peut quelquefois sourire à nos efforts, récompenser nos soins ; mais jamais elle ne s'asservira aux caprices de notre imagination. A quoi servent, d'ailleurs, ces annonces pompeuses de roses qu'on n'a point vues ou qu'on a mal observées ? Pourquoi ceux chargés du soin de répandre la connaissance des fleurs nouvelles ou intéressantes ne daignent-ils pas s'assurer par eux-mêmes de la vérité des faits ? pourquoi, dans les mêmes ouvrages réimprimés tous les ans, les mêmes fautes subsistentelles? L'amour-propre d'un auteur se croirait-il abaissé en consultant ceux dont les mains laborieuses ou les travaux assidus ont su souvent, sans le secours des livres, interroger la nature; et croirait-on qu'en mettant de côté toute prévention et toutes les ressources de l'intelligence, il ne s'agit que d'ouvrir les yeux pour juger d'une couleur? Pourquoi, en dépit de sa propre conviction, persister à la voir autre qu'elle n'est réellement? Heureusement, la nature impartiale tôt ou tard fait justice de toutes ces erreurs; en cas de doute, elle peut toujours être consultée avec succès, et en dépit des livres et des auteurs, elle demeure ce qu'elle a voulu être. Combien de roses, rajeunies pour un an, ont vu s'écrouler, au bout de deux printemps, leur nouvelle réputation! A la vérité, et par compensation, quelques-unes, sous des noms plus modestes et long-temps condamnées à l'oubli, ont repris faveur. De ce nombre il en est qui, dédaignant maintenant les noms de leur enfance, sont connues, sur quelques points, sous d'orgueilleuses dénominations. Mais ce n'est pas assez d'avoir changé, exagéré, dénaturé même ce que nous possédons, avide de nouvelles jouissances, on a annoncé ce qui n'existait pas. Vainement, tous les ans, la nature paie à Flore de nouveaux tributs ; vainement l'intelligence humaine l'interroge-t-elle avec succès ; vainement les richesses d'un autre hémisphère sont-elles ajoutées aux nôtres : inutiles moyens qui ne sauraient nous satisfaire, nous voulons ce que la nature ne veut ou ne peut faire. L'un demande des roses noires au cacis, et des roses vertes au houx, bien convaincu néanmoins que des animaux d'espèces différentes ne sauraient multiplier ensemble ; l'autre plante en février ou en mars, et veut de belles fleurs en juin. Autour de lui, cent sujets sont plantés en fruitiers depuis plusieurs années, et n'ont encore que peu ou point donné de fruits : que lui importe ? il est prêt à pardonner même la stérilité de ses arbres, pourvu que ses rosiers fleurissent de suite. Ici, c'est un amateur qui, induisant en erreur un botaniste dont le nom ne peut se séparer des roses, fait insérer la découverte d'un rosier qui fleurit sous la neige : le nom de l'auteur, sa résidence, tout est cité, la vérité seulement manque à cette annonce pompeuse. Que de choses je pourrais dire à ce sujet ! que de confidences je pourrais faire ! Combien de petits secrets je pourrais dévoiler, si je ne croyais pas devoir ménager l'amour-propre de quelques personnes ! Il me serait facile de trouver ici la matière d'un cahier. Je serai sobre cependant au milieu d'une telle abondance de faits positifs, sans compter, toutefois, sur la reconnaissance des parties intéressées.

Le *Journal de Paris* annonça, il y a environ six ans, vers la fin de la floraison, la découverte d'une rose obtenue, soi-disant, de semence par un cultivateur qui jouit, dans sa partie, d'une réputation méritée, mais qui alors, du moins, n'avait jamais semé de rosiers. Bien que la rédaction de cet article ne fût pas très-intelligible, il fut cependant possible à quelques personnes de voir qu'on avait voulu parler d'une des deux variétés de la cent-feuilles foliacée. On sait que ces roses sont quelquefois très-belles : une de ce nombre fut présentée à Son Altesse Madame la Duchesse de Berri, qui, la croyant nouvelle, sur la foi de l'auteur, voulut bien permettre que son nom lui fût donné. Cette faveur était insigne, nos fastes ne présentent encore aucun exemple d'une aussi grande bienveillance. Le nom de ce cultivateur était inconnu sous le rapport de cette culture, et si Son Altesse ne récompensait pas de longs travaux, c'était, du moins, un puissant encouragement qu'elle lui accordait. Dupont, que madame Joséphine Beauharnais honorait de sa haute protection, n'osa jamais donner son nom à une rose. Je sais bien qu'avant ce temps quelques belles Hollandaises, quittant, avec les lieux qui les avaient vues naître, les noms qu'elles avaient portés jusque-là, se réveillèrent un beau matin, chez nous, étonnées de leur nouvelle fortune : c'était, sans doute, le tribut de la reconnaissance ou l'hommage de l'amour-propre, mais au moins leur naissance était un mystère; elles ne furent pas officiellement reconnues par les personnes dont elles portèrent les noms, et les journaux ne firent pas sonner pour elles les trompettes de la Renommée. Ici, l'erreur est grave, et l'intention ne peut excuser le fait. La rose dont il s'agit présente des caractères tellement particuliers, que je n'ai jamais conçu comment elle avait pu donner lieu à une pareille méprise. Il est des noms tellement augustes, qu'on ne peut s'en emparer sans s'imposer les plus grandes obligations. En pareille occasion, le zèle ne suffit pas toujours, une profonde connaissance de ce qui existe devient indispensable; et pour nous retracer fidèlement les vertus et les grâces qui distinguent si éminemment Son Altesse, nous avions le droit d'exiger une de ces fleurs parfaites dont la nature est avare, qu'elle ne montre que de loin en loin, et qu'elle n'accorde jamais qu'à un zèle soutenu et à une persévérance à toute épreuve. Quoi qu'il en soit, chacun voulut connaître cette nouvelle merveille; de tous les points de la France, de l'Étranger même, je reçus beaucoup de lettres, où on me demandait des détails sur cette rose. Les amateurs ne sont pas patiens (j'en sais bien quelque chose), ils ne se contentent pas toujours de bonnes raisons : j'eus beau dire la vérité, cette rose se vendait cher, et on voulait du nouveau pour son argent. J'avais acquis la preuve irrécusable que c'était une hollandaise cultivée en France depuis plus de dix-huit ans, et chez moi depuis douze ; mais telle était l'impression que l'annonce publique avait laissée, que beaucoup de personnes, quoique prévenues, se la procurèrent. Les raisons qu'on m'objectait étaient assez plausibles : comment croire, me disait-on, qu'un cultivateur qui excelle dans sa partie, qui a des intérêts et une réputation à conserver, puisse faire une telle méprise ? Comment, quand on n'a pas semé, oser donner comme résultat de ses essais une rose connue depuis si long-temps, et qui se trouve dans les mains de presque tous les amateurs ? Mentir au public passe encore, cela est si commun ! mais induire en erreur, bien qu'involontairement sans doute, Son Altesse

Madame la Duchesse de Berri, voilà ce qu'on ne peut supposer que d'un excès d'ignorance ou de l'oubli de toute convenance. Pour moi, je suis bien convaincu qu'il n'y a qu'un zèle trop précipité qui a pu occasionner une aussi grande méprise à son auteur, dont la juste réputation est d'ailleurs au-dessus de tout reproche (1).

Serait-il donc impossible d'accorder la nomenclature des ouvrages de culture ou de botanique avec celle des catalogues marchands? Je n'examinerai pas, pour le moment, de quel droit des artistes et des savans se permettent de créer une nomenclature à eux; je traiterai, dans un autre chapitre, cette importante question. Je ferai remarquer ici que les trois quarts des roses dont les noms sont consignés dans ces ouvrages sont inconnues des principaux cultivateurs et amateurs. Il semblerait que la manie de faire des noms nouveaux ait élevé une barrière insurmontable entre la science et le commerce. Fréquemment des questions me sont adressées à ce sujet, auxquelles, bien souvent, je ne sais que répondre. Le rédacteur du *Bon jardinier* devrait bien donner son adresse; car enfin c'est à lui à nous expli-

---

(1) Cette rose est le n°. 414 de mon Catalogue de 1824.

quer ce qu'il annonce. L'éditeur de cet ouvrage me doit, en bonne conscience, plus de cent francs de ports de lettres et de frais de correspondance.

Je conçois assez facilement que des raisons de commerce ou des motifs d'amour-propre puissent porter quelques personnes à déranger la nomenclature reçue ; mais de pareils moyens sont indignes de ceux dont le nom s'associe à la réputation d'un ouvrage utile, et qui trouveront chez eux et autour d'eux tous les moyens de bien faire, quand ils voudront seulement se pénétrer de l'importance de leur travail.

Chez l'étranger aussi, les roses ont le privilége d'exalter l'imagination et de troubler la vue, je n'oserais même affirmer s'ils n'ont pas plus que nous encore l'art de rendre souvent intéressant ce qui ne l'est guère. J'ai vu cultiver en serre, à Paris, et j'ai moi-même acheté l'*arvensis*, que les Anglais nous avaient vendu pour le bengale jaune. Heureux pays! où les roses, en changeant de nom, augmentent souvent d'une guinée, et nous reviennent quelquefois plus tard avec cette petite augmentation.

Un marchand étranger annonce, un jour, une rose du Mexique, dont les pétales se terminent par un ruban de couleur d'or. Il avait vu cette rose en Angleterre, dans le jardin d'une maison de commerce, soustraite aux yeux indiscrets du public; il était néanmoins parvenu à soulever le voile qui la couvrait, et frappé de sa beauté, après de grandes sollicitations, le voilà, pour beaucoup d'argent, devenu possesseur d'un pied de ce rosier. Bientôt le bruit s'en répand dans Paris, et trouble le sommeil des principaux amateurs. Nous faisons prendre à Londres des renseignemens à ce sujet, même auprès de la maison qui, soi-disant, l'avait vendu, et la seule réponse que nous obtenons est que l'on ne sait pas ce que nous voulons dire.

Une rose est annoncée de la Belgique, portant cinq pouces de diamètre, je doute de la vérité ; un marchand plus confiant ou plus hardi que moi l'achète, elle lui revient à cent francs, passe ensuite dans mes mains, et donne des fleurs, belles à la vérité, mais n'ayant que trois pouces au lieu de cinq, et ne méritant ni le bruit qu'elle avait fait ni le prix qu'on l'avait payée.

Nous avons vu pendant un grand nombre d'années la rose-œillet, annoncée comme ayant été trouvée à Mantes, provenant d'une cent-feuilles dégénérée; tandis que cette rose, dont l'origine date de plus de trente-cinq ans, a été obtenue de semence, au Mans, d'un semis de cent-feuilles (1).

Mais tous ces petits calculs d'intérêt ne sont rien, si nous les comparons aux erreurs bien plus graves que renferment quelques écrits. Je conçois que l'éditeur d'un ouvrage d'agriculture, étranger à cette partie de la science, ne s'aperçoive pas des erreurs qu'occasionne la précipitation du travail; mais comment les collaborateurs de cet ouvrage, que nous comptons avec raison au nombre de nos savans les plus distingués et de nos meilleurs cultivateurs, ne corrigent-ils pas les fautes du rédacteur? C'est par la raison même que cet ouvrage, d'une utilité incontestable, est généralement répandu, que le plus grand soin doit être apporté à sa rédaction; tout devrait être pesé, discuté, approfondi; rien de douteux n'y devrait trouver place; il faudrait sur-tout que le rédacteur chargé de ce travail fût mis à portée de vérifier par lui-même les faits qu'il avance; mais il deviendrait indispensable qu'il fût, par sa position, parfaitement indépendant, car sans indépen-

---

(1) C'est M. Poilpré, cultivateur au Mans, auquel nous devons la mise dans le commerce de plusieurs bonnes roses, qui a, le premier, multiplié cette rose, dont il a obtenu les cent-feuilles-anémones et sans pétales.

dance il ne saurait être juste. Je le demanderai aux derniers rédacteurs de l'ouvrage dont je parle, n'ont-ils pas quelquefois plié devant certaines considérations ? N'ont-ils jamais cédé à quelques exigences, contre l'intérêt même de leur travail ? N'ont-ils pas plus d'une fois tu ce qu'ils voulaient dire ou dit ce qu'ils ne pensaient pas? Enfin ont-ils toujours tenu ce qu'ils avaient promis et même ce qu'ils avaient offert? Passant à des considérations plus générales, n'avons-nous pas maintenant le droit de leur demander : où donc avez-vous vu que la céleste blanche eût des teintes bleuâtres? Dupont, dont l'imagination n'était pas toujours bien réglée, est le premier qui dit les avoir vues ; l'amour paternel lui avait sans doute troublé la vue : car, moins heureux que lui, nous voyons maintenant cette rose d'un beau blanc, mais non pas autrement. C'était encore en 1821 qu'une pareille fable était débitée. Vous nous parlez d'un bengale de Florence, à limbe cendré, vu chez M. Noisette ; mais cet estimable cultivateur, aux soins duquel nous devons l'introduction en France d'une douzaine environ de beaux bengales venus d'Italie, n'en a conservé aucun sous cette dénomination particulière, il ignore même précisément celui dont on a voulu parler. Un bengale jaune, double, est annoncé en 1821 : plusieurs personnes, dit-on, l'ont vu jaune et double chez M. Cartier, qui l'aurait trouvé de semence. Nous avons vu déjà que nous avions cultivé l'*arvensis* sous ce nom ; mais au moins nous le tenions des Anglais, assez coutumiers du fait. Celui-ci a été vu par le rédacteur ; il est annoncé dans un de ces ouvrages destinés à faire connaître aux nombreux amateurs de la culture d'agrément les nouvelles conquêtes de l'industrie humaine. Bientôt cette nouvelle se répand avec une étonnante rapidité ; vingt lettres me parviennent en peu de temps, qui me prouvent tout l'intérêt que chacun prend à cette découverte : l'un fait des vœux pour sa conservation, l'autre prend acte de sa demande pour le moment où il sera livré au commerce, un troisième demande qu'il soit vendu par souscription ; de tous côtés, on m'accable de questions sur ce bengale, et on me charge d'en féliciter l'auteur. Les bonnes gens que les amateurs ! comme ils aiment, comme ils s'intéressent à ce qui est beau ! Pourquoi faut-il trop souvent décevoir de si douces illusions ? Consolez-vous du moins, et modérez vos regrets, le bengale en question est mort, il est vrai ; mais il n'était pas jaune : c'était une de ces fleurs simples ou semi-doubles, d'un blanc terne, telles qu'on en voit assez souvent dans les pimprenelles de semence. Toutefois, M. Cartier, que nous comptons au nombre de nos meilleurs comme de nos plus anciens amateurs, est étranger à cette méprise, qu'il faut attribuer à l'imagination un peu vive du rédacteur.

Peut-être, dans un tel ouvrage, ne devrait-on parler que des roses multipliées et qui peuvent être livrées au commerce, et n'indiquer les autres que comme ne l'étant pas. Ce moyen éviterait aux amateurs les nombreuses démarches que je leur ai vu souvent faire pour se procurer des roses qui n'étaient pas encore passées dans les mains des marchands, ou qui n'étaient pas encore suffisamment propagées.

Quand on parle au public, et sur-tout à une classe qui a du goût et de l'instruction, il faudrait mettre de côté non-seulement ses préventions, mais encore ses affections, afin de ne voir que ce qui est réellement. L'indulgente amitié a ses faiblesses aussi, je pourrais bien en dire quelque chose ; mais c'est l'erreur d'un bon cœur, et j'avoue que ce sentiment peut du moins désarmer la critique. En 1821, on nous dit encore que des cultivateurs très-expérimentés et très-habiles ont épuisé à-peu-près toutes les expériences à faire sur la culture du rosier. Ignorant de quelles personnes on a voulu parler, je ne peux que m'adresser à l'éditeur, qui a eu tort sans doute de tolérer l'insertion d'une pareille phrase, et qui n'a pas senti toute l'influence qu'elle pouvait avoir sur un grand nombre d'amateurs. Quels sont donc ces savans ou ces cultivateurs qui ont si long-temps ou si heureusement interrogé la nature, et qui auraient acquis le droit de nous dire : nous avons presque tout fait ? Qui peut prétendre assigner des bornes à son pouvoir, aux ressources de l'industrie et aux combinaisons de l'intelligence ? Moi aussi, j'ai quelquefois tenté de surprendre ses secrets : j'ai consacré à cette étude les douze plus belles années de ma vie ; j'ai conduit pendant long-temps des expériences dispendieuses ; j'ai fait beaucoup de fautes sans doute, car j'ai beaucoup essayé, j'ai du moins parfois réussi ; mais il faut que je l'avoue, dût notre amour-propre en souffrir, toutes les connaissances qu'ont pu me procurer une culture étendue et mon goût pour l'observation me forcent de convenir que, comparativement à ce qui nous reste à savoir, ce que nous savons est assez peu de chose. Il est d'ailleurs beaucoup de points d'une haute importance qui ne seront probablement jamais éclair-

cis ; car les dépenses et la longueur des expériences ne permettront pas à des particuliers de
les entreprendre , et le gouvernement ne favorise pas assez, chez nous, ces sortes de cultures
en général. Nous disputons encore sur les premiers élémens de la science ; nous ignorons de
même à quels signes certains nous pouvons reconnaître ce qui est espèce ou variété. Quelle
semence doit-on de préférence confier à la terre?
quelles sont, sous ce rapport, les roses que l'espérance probable du succès peut autoriser à
rapprocher ? Jusqu'à quel point la main de
l'homme, tantôt aidant et tantôt corrigeant la
nature, peut-elle modifier ses productions ?
Qui donc a résolu ces hautes questions, qui se
rattachent de si près à la culture du rosier ? Je
sais qu'elles n'intéressent pas également tous
ceux qui s'occupent de ce beau genre; mais leur
solution est vivement désirée par ceux qui,
comme moi, ne bornent pas leur jouissance au
moment de la floraison.

On dirait que la nature, étonnée d'une pareille
assertion, ait voulu donner un démenti formel à
son auteur. Trois ans se sont à peine écoulés, et
cette période assez courte a vu éclore un très-
grand nombre de belles fleurs, dont beaucoup
ne sont pas dues au hasard seulement. Plusieurs

mousseuses, quelques perpétuelles, un grand nombre d'*alba,* et récemment plus de cinquante variétés de noisettes et bengales sont venues prouver que nous n'étions pas encore parvenus aux termes de nos découvertes, et donner l'espoir que, sous peu d'années, nous pourrions reculer de beaucoup les bornes de certaines classes. En général, on a plus fait depuis trois ans, tant sous le rapport des progrès de la culture que sous celui des découvertes qu'on avait faites dans les six années précédentes. Beaucoup de personnes ont étudié la nature avec succès ; de bien des points différens il m'est parvenu des renseignemens qui prouvent une longue suite d'observations et un zèle soutenu : c'est déjà beaucoup, quand on réfléchit que la patience n'est pas la vertu principale des amateurs. On fera mieux encore quand on sera parvenu à prendre les mots pour ce qu'ils valent et les choses pour ce qu'elles sont, et que la pensée rendra fidèlement les impressions de la vue ; le bon sens finira sans doute par apprendre à certaines personnes que ce qui est rose ou carné ne doit pas être donné comme blanc, et qu'il y a bien loin du rose à la couleur poupre. Avec un peu d'étude, on apprendra de même que, parce que beaucoup de roses sont très-variables de leur nature, on ne doit pas les décrire de la couleur qui plaît davantage, mais de celle qu'elles affectent le plus généralement. Si cependant nous considérons ce qu'on écrivait il y a vingt-quatre ans, nous pourrions passer pour assez raisonnables. On trouve dans un ouvrage imprimé en 1800, ayant pour titre, *Histoire naturelle de la rose*, le passage suivant : « En » faisant macérer du fumier dans de l'eau-de-» vie, on obtiendra des choses qu'on ne com-» prendra pas et que l'on prendra pour un » songe ; si vous entez des roses sur le houx et » l'oranger, vous aurez des roses vertes. » On trouve, dans cet auteur, un certain nombre de passages de cette force, dont il cite les auteurs, et la manière dont il s'exprime prouve qu'il y ajoutait foi. Il nous indique aussi le moyen de faire des roses noires, vertes et bleues, en les arrosant avec une décoction de fruits d'aune, de rue et de bluets, ainsi que la manière de prolonger la floraison des roses en employant le magnétisme. Il cite à l'appui de son sentiment un docteur de Sorbonne, qui rapporte que Mesmer, ayant magnétisé un arbre des boulevarts, lui fit conserver sa feuille plus long-temps à l'automne et produire plus tôt au printemps; il ajoute encore que les malades qui se reposaient sous son ombrage étaient subitement guéris. Voulez-vous maintenant savoir comment on peut faire renaître un rosier de sa cendre? Consultez encore le même auteur, il vous donne le détail du fameux secret de la palyngénésie : vous verrez qu'avec quatre livres de graines de roses bien mûres et bien pilées, déposées dans un grand vase de verre avec huit pintes d'eau de rosée, bien fermé et enterré ensuite, pendant un mois, dans du fumier de cheval, on peut créer un rosier. Je passe sous silence les détails minutieux et très-étendus des formalités indispensables; car on conçoit facilement qu'on ne peut faire de si belles choses simplement. Amateurs, vous riez; apprenez de plus que ce moyen peut être utilement employé non - seulement pour les rosiers, mais encore pour tous les végétaux; et comme les illustres savans auxquels ces belles expériences ont réussi sont de même parvenus à ressusciter des écrevisses après les avoir broyées, nous pouvons nous flatter maintenant de braver jusqu'à un certain point les lois de la nature, qui a voulu que tout fût périssable. Quatre livres de bonnes graines pilées ensemble, devant se composer probablement d'un grand nombre de variétés, je regrette que l'auteur ne nous ait pas fait connaître à quelle espèce appartenait ce nouveau phénix des roses.

Je ne crois pas qu'on ait jamais dit sur cette matière de plus grandes absurdités, et on doit s'en étonner davantage ; car en lisant cet ouvrage on y remarque des passages sensés. L'auteur s'était livré à d'assez grandes recherches sur les roses, et plusieurs de ceux qui, depuis, ont écrit sur ce sujet ont puisé chez lui. Aujourd'hui on n'oserait livrer à l'impression de pareils écrits, le public, plus éclairé, aurait bientôt fait justice de ces sottises, et si l'exagération accompagne encore la description de certaines roses, elle est du moins à-peu-près circonscrite dans les bornes du possible. Un moment viendra où il faudra être raisonnable ou se taire, et où l'historien de la nature le plus habile sera celui qui, mettant de côté tous les prestiges de l'imagination, saura la rendre le plus fidèlement.

CHAPITRE III.

DES VARIATIONS DES COULEURS.

Les variations que certaines roses éprouvent dans leurs couleurs, sur-tout par suite de leur déplantation ou de la situation de l'atmosphère, nous présentent des phénomènes si remarquables, que j'ai cru devoir leur consacrer un chapitre. En cherchant à jeter quelque jour sur ce point, d'autant plus important que personne ne s'en est encore occupé, j'espère rendre service aux amateurs, qui n'ont, en général, ni le temps ni la facilité de se livrer à des observations souvent très-longues et toujours très-difficiles, vu qu'ici nous n'avons aucun moyen de fixité, et que tout est idéal et fugitif. J'avoue que ces étonnantes variations m'ont toujours beaucoup occupé, et que je ne hasarde cet article que d'après de pressantes sollicitations. On peut, d'une main assez sûre, tracer les divers caractères d'une variété ou espèce quelconque; car la nature les a déterminés d'une manière sensible et multipliés à l'infini. On sait d'avance jusqu'à quel point la main de l'homme peut, par l'art et la culture, les étendre et les modifier. L'œil exercé ne s'y trompe pas : incertain sur un caractère, il peut établir son sentiment sur les autres, et jugeant sur la conformité du plus grand nombre, l'évidence devient toujours le résultat de ses observations. Pour les fleurs de beaucoup de roses, c'est tout autre chose : c'est là que la nature, libérale avec prodigalité, répand, change et modifie les nuances et les couleurs avec une rapidité étonnante. Au milieu de ce tableau enchanteur, mais mouvant, vainement interroge-t-on ses souvenirs, entre la rose qui épanouit et la rose à son déclin, l'opinion incertaine n'ose assigner la couleur, et si vous ajoutez à cela les modifications qu'apportent la direction des rayons solaires, l'humidité plus ou moins grande du sol, la vigueur ou la faiblesse des plants, la taille plus ou moins allongée et le résultat encore de diverses circonstances, on conviendra, au moins, que, pour les roses foncées, ce superbe spectacle des beautés de la nature a quelque chose d'embarrassant pour la détermination des couleurs. Ces considérations doivent porter naturellement à ne tirer le nom des roses foncées de leurs couleurs qu'avec la plus grande circonspection, d'autant plus que presque toutes ces roses sont, en général, un mélange de pourpre, de brun et de violet plus ou moins prononcé. On a peut-être trop abusé de ces sortes de noms, qui conviennent à plusieurs roses à une certaine époque de leur épanouissement, mais qui sont, pour beaucoup, mal appropriés quand elles défleurissent; car alors elles deviennent toujours plus foncées. La couleur d'une rose devrait toujours être prise au moment de son parfait développement; mais il faut que le sujet soit bien portant, cultivé sans emploi des moyens que l'art peut employer pour obtenir des fleurs plus fortes; car, dans ce cas, la couleur gagne de l'intensité. C'est le moment où je m'arrête pour me fixer à cet égard, et toutes les fois que je décrirai une rose quelconque, c'est toujours de ce moment, bien court à la vérité, que la couleur doit s'entendre; avant ou après, elles sont trop foncées ou trop pâles : il est donc plus raisonnable d'adopter le moment où la fleur est parvenue au terme de sa beauté, pour s'y fixer et la considérer comme n'étant pas à sa couleur naturelle pendant le temps qui précède et qui suit. Il faut une bien longue habitude pour s'accoutumer aux variations des roses foncées et reconnaître les causes qui y contribuent. Elles sont nombreuses et variées, et l'art peut, jusqu'à un certain point, les déterminer; elles n'agissent pas même d'une manière aussi sensible sur toutes les variétés d'une classe. Les altérations momentanées qu'elles subissent seront toujours le tourment de ceux qui n'ont pas fait une etude suivie de cette culture. On doit au semis du mahœca primitivement, et ensuite des roses qui en sont provenues, et qui, toutes, fructifient, une quantité de superbes variétés à fond poupre et violet, dont la couleur, en général, devient plus sombre peu après l'épanouissement, et dont beaucoup sont ou deviennent panachées, striées ou marbrées. Il importe donc aux amateurs, qui n'ont pas, comme moi, l'habitude de vérifier un rosier d'après tous ces caractères, de considérer les fleurs dans les différentes périodes de la floraison. Les roses parfaitement blanches et dont le nombre est encore très-borné sont celles qui naturellement se soutiennent le mieux ; les carnées et les roses de diverses nuances deviennent, les premières, blanches, et les secondes, d'un rose très-pâle lorsqu'elles sont prêtes à défleurir ; mais dans les couleurs pourpres, cramoisies et violettes, la nature agit autrement et dans un sens contraire : beaucoup, de couleur feu en ouvrant, après avoir, pendant la courte durée de leur existence, offert la succession rapide de leurs nuances pourpres et violettes, présentent, au dernier terme de leur floraison, des couleurs d'un brun violet très-foncé, qui ont valu à plusieurs le nom de noires. Aux nombreuses altérations des couleurs primitives de ces roses, il faut encore ajouter l'effet produit par la différence qu'apportent entre elles le moment de l'épanouissement et la situation momentanée de l'atmosphère. Cet effet devient plus sensible encore lorsque la terre, froide, ou trop imprégnée d'eau, s'oppose à la coloration : alors on peut voir les variétés les plus foncées fleurir rose, et j'en ai même vu quelquefois fleurir presque blanches. La température vient-elle à changer; le soleil, par sa chaleur bienfaisante, enlève-t-il à la terre l'excès de son humidité, aussitôt la scène change, la nature reprend ses droits, les couleurs brillent d'un éclat plus vif et contrastent alors singulièrement, et quelquefois bien agréablement, avec les fleurs précédentes. Ajoutez à ce mobile tableau des dons de la nature les teintes plus rembrunies de celles qui s'éloignent plus ou moins de la floraison parfaite, et il deviendra plus facile de compter les fleurs qui diffèrent entre elles, que celles qui se ressemblent. Sur un même pied d'une certaine force, il n'est pas rare de rencontrer dix ou douze nuances

différentes, et de là vient, sans doute, la diversité des opinions sur ce sujet. Combien de fois
n'ai-je pas vu la rose bleue, les flavias et bien
d'autres encore, fleurir rose ; la belle afri-
caine elle-même, une de nos plus foncées m'a
plusieurs fois donné des fleurs d'un pourpre
clair. En général, les roses les plus rembrunies
sont celles qui subissent les plus grandes altérations dans les années humides, ou lorsqu'elles
sont plantées à une exposition trop ombragée.
Les personnes qui, dans un rosier, ne voient
uniquement que la fleur, peuvent bien ne pas at-
tacher une grande importance à ces variétés ;
mais celles qui, comme moi, reconnaissent que
la différence des formes, du port et du feuillage
sont encore un agrément, conviendront de
même que c'est sur cette classe que la nature a
répandu avec le plus de libéralité la variété et
la richesse du coloris. Les roses de couleur tendre résistent beaucoup mieux aux causes qui
font si singulièrement varier les provins fon-
cés. Les boutons sont presque toujours plus co-
lorés que la rose ne doit l'être lors de son parfait épanouissement, et sur les fleurs d'un même
sujet on ne remarque guère que les variations
provenant de la différence du moment de la floraison. Presque toutes pâlissent en passant, et

deviennent blanches, carnées ou roses, selon l'intensité de leurs couleurs primitives. Il est encore d'autres raisons qui donnent lieu aux variations des fleurs : il arrive quelquefois que des pluies froides ou un changement subit de température ralentit la marche de la nature en s'opposant au développement des boutons : alors ceux qui avaient déjà commencé leur épanouissement s'arrêtent et languissent. Les pétales, développés ou desserrés, frappés par l'air, se décolorent; tandis que ceux du centre, plus fortément pressés au contraire par suite de la situation de l'atmosphère, conservent leur couleur naturelle. La température vient-elle à changer, alors ces fleurs, terminant leur épanouissement, présentent leur centre beaucoup plus coloré que les pétales extérieurs, et font souvent un bel effet quand la floraison n'en a pas été trop long-temps suspendue; car autrement elles n'ouvrent pas.

L'excès de la chaleur, sur-tout quand la terre est sèche, produit quelquefois le même effet, quoique généralement dans ce cas les boutons brûlent avant d'ouvrir. Pour que la floraison soit belle, il faut que la température soit chaude sans excès, la terre modérément humide, et que les rayons du soleil soient voilés pendant

4.

le milieu du jour. Rarement on est assez heureux pour réunir ces circonstances favorables, et l'année 1823, aux environs de Paris du moins, est depuis long-temps la seule que nous pourrions citer. La floraison, pour ne rien laisser à désirer, a besoin de s'opérer franchement et sans interruption ; mais il faut auparavant que l'homme ait tout fait pour seconder les efforts de la nature, à laquelle on impute trop souvent ses propres torts. Elle ne doit pas de miracle à notre impatience, et l'ignorant qui, souvent après avoir planté en février ou mars, taillé très-long et quelquefois pas du tout, vient lui demander de belles fleurs en juin, n'a pas le droit de se plaindre de la perte de ses plants. Inviter ceux qui achètent et plantent à tailler court, c'est, pour la grande majorité des personnes, recommander de la prudence en amour.

Quelques roses sont, à la vérité, naturellement plus pâles sur les bords qu'au centre ; mais on ne doit considérer réellement comme telles que celles qui ne doivent pas cet agrément aux causes ci-dessus énoncées, encore même n'est-ce toujours que parce que les pétales du centre sont plus serrés que cela n'a lieu : les roses semi-doubles ou faiblement doubles ne présentent jamais ces singularités. On remarque dans quelques variétés une inclination assez prononcée à se ponctuer. Clémentine et euphrosine dans les provins, le bengale à feuille luisante, le pompon d'automne, azélie et quelques autres noisettes, nous en offrent la preuve. Ces roses ont quelquefois induit en erreur des observateurs superficiels, et dans quelques catalogues elles sont même désignées comme ponctuées et panachées. Dans les provins, cet effet est dû bien souvent à une pluie fine, dont les petites gouttes, déposées sur les pétales, en ont altéré la couleur et formé les points qu'on y remarque. Mais dans les bengales cités, ces points, en général très-irréguliers, sont d'un rose foncé, quelquefois rouge, mais toujours très-dominant sur la couleur naturelle. Je ne pense pas que la pluie soit la cause unique de cette altération, bien qu'elle se fasse remarquer davantage par un temps humide. C'est dans les roses de semence sur-tout que ces jeux de la nature s'observent le plus souvent lors de la floraison, et on ne saurait trop se mettre en garde contre ces variations, qui ont plus d'une fois trompé plus d'un homme de bonne foi et même plus d'un savant. J'aurai, dans un de ces chapitres, l'occasion de fournir mes preuves à l'appui.

Combien de roses n'ont dû leur éphémère réputation qu'à de mauvaises observations ? Combien de fois le temps et l'expérience n'ont-ils pas démenti ces beaux rêves de l'imagination, propagés par l'impression ? Mais pourquoi aussi la nature ne veut-elle pas se prêter à de si douces illusions, ou pourquoi notre imagination vagabonde ou nos désirs insatiables, méconnaissant ses bienfaits ou bientôt les dédaignant, nous portent-ils à chercher de nouvelles jouissances dans ce qui n'est pas probable ?

CHAPITRE IV.

DE LA NOMENCLATURE.

Ce serait sans doute faire un grand pas vers le bien, que de parvenir à s'accorder sur la nomenclature des rosiers, cela serait d'autant plus nécessaire, que le nombre des variétés s'étant considérablement accru depuis quelques années, on a besoin aujourd'hui de plus d'ordre et de précision pour éviter ce grand nombre d'erreurs auquel donne lieu la synonymie de ce genre; mais ce travail exigerait la réunion de plusieurs personnes, parmi lesquelles il s'en trouverait dont l'amour-propre se révolterait à l'idée de faire quelque concession à l'intérêt de la science ou au besoin du commerce. Le Jardin des Plantes s'intéresse peu à cette culture, et Paris n'a pas l'avantage, comme plusieurs villes de l'Étranger, de posséder une Société qui s'occupe spécialement de la culture d'agrément. Réduits à nos propres moyens et sans point central, chacun s'arroge, à sa fantaisie, le droit de tout changer, selon que son intérêt ou son

caprice l'y porte. Je veux bien laisser aux auteurs le plaisir de disputer sur ce qui est espèce
ou variété; mais je leur demanderai, du moins,
s'il est bien nécessaire d'hérisser leurs ouvrages
de noms qui sont peut-être bien savans, mais
à coup sûr assez mal sonnans.

Lorsque, dans l'origine, l'ouvrage de M. Redouté fut annoncé au public, on eut lieu d'espérer qu'enfin toutes les incertitudes allaient
cesser, et qu'une scrupuleuse et rigoureuse
exactitude allait consacrer pour toujours le
nom des roses qu'il allait décrire. C'était une
belle et grande entreprise que celle de retracer
de nouveau par la gravure ces charmantes productions de la nature, auxquelles on ne peut re-
procher que leur peu de durée. L'occasion se
présentait avec avantage de fixer une partie de
la nomenclature, et personne n'était plus capable de remplir cette tâche difficile que MM. Redouté et Thory; la nature ne pouvait avoir de
plus fidèles interprètes; et prêtant à ce beau
genre l'appui de leurs talens, ils associaient
leurs noms à la gloire de cette belle fleur. Mais
ce n'était pas assez de rendre fidèlement les
traits, les caractères et le coloris de ces fleurs,
il fallait encore que le texte nous fît connaître
les noms sous lesquels ces roses étaient culti-

vées et répandues dans le commerce. Il n'est permis à aucune personne, prise isolément, quels que soient d'ailleurs les talens qu'elle possède, de changer une nomenclature reçue, qui peut être vicieuse, mal appropriée, mais qui a, du moins, pour elle la sanction du temps et de l'habitude. Il est des cas, j'en conviendrai, où cette licence se peut permettre; mais ce ne devrait être que lorsque des noms, exprimant une espèce quelconque, se trouvent en opposition avec celles auxquelles elles appartiennent réellement. Il est aussi des noms étrangers que nous ne pourrions rendre dans notre langue, et dont le changement se trouve suffisamment autorisé par cette raison même; mais ce qui n'est pas, à bien prendre, d'une nécessité absolue pour un catalogue marchand, devient d'une obligation rigoureuse dans un ouvrage destiné à porter aux générations futures le nom de ses auteurs. Sous le rapport de l'exécution, beaucoup de roses ont été rendues avec un rare talent; l'expression des caractères en est bien sentie et généralement bien prononcée; les difficultés que le coloris présentait ont été surmontées avec autant de bonheur que d'intelligence : pourquoi faut-il que, pour une grande partie de ces roses, nous soyons forcés de nous épuiser en conjectures pour deviner ce que l'auteur a voulu rendre? Très-peu sont décrites sous leur nom de culture, ceux même qu'une longue habitude a familiarisés davantage avec leur synonymie n'en sont pas plus avancés. Ce système de réformation a pesé également sur celles que l'autorité des auteurs même semblait mettre à l'abri d'une inutile innovation. Où en serions-nous réduits, si tous ceux qui, au même titre que MM. Redouté et Thory, pourraient prétendre réformer la nomenclature, s'avisaient de le faire? Ils ont dit dans la première livraison, qu'ils voulaient donner aux amateurs les moyens de s'entendre avec les pépiniéristes pour les roses nouvelles. Je le demanderai aux nombreux souscripteurs de cet ouvrage, quel service leur a-t-il rendu sous ce rapport? Combien de fois se sont-ils adressés à moi pour obtenir des renseignemens qu'il n'était pas en mon pouvoir de leur donner? Pourquoi du moins, afin d'accorder cette manie de tout changer avec ce que le public avait le droit d'exiger, les auteurs n'ont-ils pas daigné nous faire part des motifs qui les ont dirigés dans ces changemens, ou tout au moins mettre le nom de commerce à côté du leur? Pourquoi, en parlant de l'*obscurité*, dont le nom est gé-

néralement reconnu, la mettre sous celui de
M. van Eeden ? La belle aurore, qui est mon *ex
albo rosea*, est bien connue sous ces deux noms,
et est d'origine hollandaise : à quoi servait de
la dédier, après vingt-cinq ans d'existence, à
une demoiselle Poniatowski, lorsque sur-tout,
dans les *alba*, nous en possédions déjà une de
ce nom ? L'auteur nous apprend que cette demoiselle était son élève, et qu'elle montrait,
pour le dessin des fleurs, d'heureuses dispositions. Je suis bien sûr qu'elle était aimable, jolie
même ; d'ailleurs elle était étrangère : c'était
bien plus qu'il n'en fallait sans doute pour
motiver un acte de galanterie ou de bienveillance ; mais pourquoi emprunter à la Hollande,
pour la dédier à cette jeune personne, une rose
probablement plus âgée qu'elle ; et n'est-ce pas,
en quelque façon, payer ses dettes avec l'argent des autres ? Sommes-nous donc si pauvres
maintenant que les cultivateurs français n'aient
pu fournir, dans cette occasion, une rose nouvelle à M. Redouté ? J'en connais qui, à son ap-
pel, se seraient empressés de lui offrir des nou-
veautés dignes de son pinceau et de son intéressante élève.

Sans vouloir juger le fond de la question et

qu'une rose soit régulièrement belle, il faut qu'elle ait encore quelque chose qui lui soit particulier, qu'elle puisse être même facilement reconnue au premier coup-d'œil, qu'enfin au milieu de sa nombreuse famille, l'imagination fatiguée et incertaine ne s'épuise pas en conjectures pour déterminer quelle elle peut être. Sans doute maintenant de telles roses ne sont pas faciles à trouver, c'est peut-être une entre mille ; mais au moins ce sont celles dont le prix et le mérite se soutiendront toujours et qui survivront aux réformes indispensables qui déjà par-tout commencent à s'opérer dans les collections et qui nécessairement continueront plusieurs années.

CHAPITRE IV.

DES BENGALES.

Au nom de cette rose si intéressante, que tant de qualités font chérir, qui compte déjà un si grand nombre de variétés, et qui est encore si riche d'espérance, un sentiment naturel de reconnaissance nous porte à demander le nom de celui qui le premier l'introduisit en Europe. On n'apprendra pas sans surprise que le nom d'un tel homme est presque inconnu, même en Angleterre, et que toutes mes démarches à ce sujet étaient sur le point d'être infructueuses, lorsque M. Sabine, secrétaire de la Société horticulturale de Londres, dont le zèle pour tout ce qui tient à la science est si bien apprécié, m'a fait connaître le nom de cet honorable citoyen. Il se nomme Ker, et envoya ce rosier, de Canton en Chine, au Jardin du roi, vers l'année 1780. Il paraît que, vers ce même temps, une autre personne du nom de Slater en introduisit une seconde variété dans sance des découvertes importantes que nous avons faites en ce genre (1).

Je suis trop bien convaincu du beau talent de M. Redouté pour croire que la facilité du travail ait pu le diriger dans le choix de ses modèles; mais cette opinion pourrait être adoptée par ceux qui, comme moi, ne sont pas à même de juger des nombreuses difficultés qu'il a dû rencontrer, et qu'il a, pour la plupart, heureusement vaincues. Sans doute les fleurs des roses doubles ne sont pas aussi faciles à saisir; mais c'est une raison de plus pour que l'auteur s'attache à nous les rendre fidèlement : son talent, aussi varié que flexible, ne doit connaître de bornes que celles que la nature a posées, et si, sous le rapport du coloris, l'art ne peut toujours l'imiter, la forme, la disposition des feuilles, des pétales, et le détail des autres caractères, peuvent toujours être exprimés avec vérité.

J'ai entre les mains un grand nombre de ca-

---

(1) Je me propose dans le cahier suivant, dans un chapitre qui portera pour intitulé : *Des roses considérées sous le rapport des semences*, d'examiner s'il ne serait pas à propos de restreindre, de beaucoup même, les roses que les botanistes regardent comme variétés, lorsqu'elles ne présentent sur-tout que des différences légères avec d'autres.

talogues, et il est facile d'y remarquer que le bon goût, le bon sens et les convenances n'ont pas toujours été consultés; l'application de beaucoup de noms manque de justesse et induit souvent en erreur ceux qui accordent une confiance trop illimitée à ces dénominations, quoiqu'en général beaucoup de ces roses soient fort bonnes. Parmi ces listes plus ou moins étendues, on trouve les noms suivans : cerise grande monarchie, la folie du Corse, nuages et tempêtes, le tombeau de Sophie, la mort du duc de Brunsvick, l'oubli des Français, et un assez grand nombre d'autres de cette façon. Toutefois, il est juste de rendre à chacun ce qui lui est dû, et je dois déclarer que ces noms ont été fabriqués en Hollande et en Belgique. Qui donc a pu mêler l'idée du trépas à celle de ses jouissances, ou prétendre, par un nom plus ridicule encore qu'insultant, effacer de la mémoire de ses compatriotes le souvenir des Français? Quel malheur pour moi de ne pouvoir livrer à la reconnaissance de mes concitoyens le nom de cet amateur délicat qui nous porte une aussi tendre affection ! Amateurs sans goût, qui, oubliant toutes les convenances sociales, n'avez rien trouvé de mieux que des noms ridicules, dont l'indécente expression blesse jusqu'au respect que les nations se doivent entre elles, n'avez-vous donc chez vous, dans les arts et dans les sciences dépendant de cette culture, aucun service à reconnaître, aucun mérite à récompenser, aucune réputation à étendre ? Que ne nous faisiez-vous plutôt connaître les noms de ceux qui, dans vos villes célèbres par le culte qu'elles rendent à Flore, fondèrent des prix pour la culture d'agrément, et qui, à cette époque déjà reculée, préparaient l'extension de votre commerce et l'opulence de vos cités ? Sont-ils donc indignes de vos hommages ces magistrats recommandables, ces citoyens vertueux, dont le zèle a soutenu et protège encore ces honorables institutions ?

Le privilége des plus belles roses est d'avoir beaucoup de noms, et la raison en est la même à-peu-près par-tout. Je pourrais bien en énumérer les causes; mais comme je ne corrigerais personne, et que d'ailleurs je suis partie intéressée, je crois devoir les passer sous silence. Beaucoup de nos noms se sentent un peu du style oriental; on dirait que nous avons compulsé les *Mille et une nuits* : nous avons le berceau d'amour, le temple d'Apollon, la ceinture de Vénus, etc. L'ancienne Rome devait même fournir quelque chose à notre nomen-

clature, et nous étions menacés du *Sénat romain*, lorsqu'une heureuse circonstance fit dé-
couvrir que cette rose était la même que le Duc
de Guiche.

Les botanistes en général ont été plus sages
que nous dans l'application des noms, en ne
les prenant que des lieux d'où ces roses prove-
naient, de leurs caractères, ou en les dédiant à
ceux qui les avaient découvertes; mais le grand
nombre des espèces ou variétés dont ce genre
se compose maintenant les a forcés souvent
à multiplier les synonymes pour exprimer le
même caractère : ainsi, des roses désignées à
fleurs penchées, inclinées, renversées, manquent le but qu'on s'était proposé en ne présentant que l'idée d'une même chose. Ce caractère d'ailleurs, qui se retrouve sur un grand
nombre de rosiers, n'est pas assez particulier
pour que l'on puisse s'en servir avec succès.
Convenons toutefois que, quand on veut être
raisonnable, il devient souvent très-difficile de
trouver des dénominations bien appropriées,
sur-tout quand on ne veut pas mettre une phrase
à la place d'un nom. J'avouerai que l'abondance
de nos richesses me force souvent maintenant
d'employer des noms qui, du moins, sous le rapport de la fleur ou des caractères, ne présentent

rien ou que peu de chose à l'imagination. Les difficultés qui s'élèvent à cet égard ne peuvent être aujourd'hui entièrement vaincues ; mais je saurai toujours, pour ce qui me regarde personnellement, éviter ces dénominations exagérées, fausses ou ridicules, qui blessent également la vérité, le bon sens et les convenances (1).

Dans l'insuffisance où nous sommes de pouvoir exprimer par les noms seuls les caractères les plus saillans ou les particularités les plus

---

(1) Afin d'obvier à cet inconvénient et d'offrir aux personnes éloignées les moyens de suppléer au silence du Catalogue à cet égard, je donnerai dans les cahiers suivans la description des roses les plus intéressantes ; et afin d'éviter les erreurs que j'ai signalées, je ne décrirai que celles qui auront fleuri, au moins pendant deux années chez moi, et sur lesquelles j'aurai obtenu par moi-même les renseignemens les plus positifs. Une notice plus détaillée, placée en tête des descriptions, fera connaître la marche que je suivrai. On conçoit qu'il ne me serait pas possible de m'occuper de suite d'une classe entière ; mais je disposerai mon travail de manière qu'une feuille d'impression ne contiendra jamais, hors les espèces peu nombreuses, que les roses dépendant d'une même classe ou division. Plus tard, si je continue cet ouvrage, il sera facile à chacun, en divisant ces cahiers, de réunir à la suite toutes les feuilles qui appartiendraient aux mêmes espèces. J'en agirai de même à l'égard des chapitres que je pourrai me trouver dans le cas de traiter dans divers cahiers, et j'aurai soin d'indiquer leur place respective.

frappantes, ne vaudrait-il pas mieux ouvrir l'histoire ou jeter les yeux autour de soi? Nous n'avons pas encore épuisé la liste de ces citoyens vertueux, dont les noms, chers aux arts, aux sciences ou à l'humanité, ont consacré leurs veilles, leurs talens et leur fortune au bonheur de leurs semblables. Quel peuple peut offrir une plus longue série de noms célèbres à tant de titres divers, ou légués avec plus de justice à la reconnaissance ou à l'admiration de la postérité? Et si l'histoire des révolutions est celle des grands crimes comme des grandes vertus, quelle mine plus féconde peut-on trouver à exploiter que celle de nos dissensions civiles et de nos orages politiques? Ah! s'il fallait aller chercher au-delà de nos pays des noms dignes de nos hommages, jetons les yeux sur la Grèce, ce berceau de la civilisation et des arts, dont les nobles enfans ont su conserver pur le sang de leurs ancêtres, et renouveler à Psara la journée des Thermopyles. Espérons qu'un jour le nom de leur barbare oppresseur cessera de souiller la carte de l'Europe, et que, mieux éclairée sur ses véritables intérêts, une sainte alliance refoulera en Asie ces hordes fanatiques et indisciplinées! Que le nom de ces citoyens généreux qui ont porté au plus haut

5.

degré l'amour de la patrie vienne donner de l'intérêt à nos jardins et parler à l'imagination ! Attachons à ces fragiles monumens de notre industrie le témoignage de notre admiration, et contribuons, au moins, de nos vœux au succès d'une aussi juste cause.

Le choix d'un nom, quand il s'agit d'une rose très-intéressante, ne devrait pas être le résultat du hasard ou d'un caprice. Celui-là a toujours tort qui ne profite pas d'un caractère bien remarquable pour en faire dériver le nom : ce sont des circonstances heureuses qui ne se présentent pas souvent et dont on doit toujours profiter ; mais quand l'absence de toute particularité bien prononcée nous force à recourir à des noms qui ne peuvent plus avoir qu'un rapport indirect avec un rosier quelconque, ne vaudrait-il pas mieux encore prendre en considération l'âge, le sexe, le mérite, les exploits de ceux auxquels on les dédie ? Aucun catalogue n'est exempt de ces fautes, qui deviennent, tous les jours, d'autant plus sensibles, que le goût s'épure et que le nombre des belles roses, devenu plus considérable, fait désirer une nomenclature mieux appropriée et moins sèche. Gardons pour ce sexe aimable, qui, ainsi que les roses, obtint les hommages de tous les peuples policés, les plus belles fleurs dans les couleurs tendres. Que la beauté des formes ou la suavité des odeurs ajoute encore à leur mérite ; mais réservez sur-tout pour cet âge intéressant, dont le front sait rougir encore, le peu de roses blanches dont la nature est avare. Image de la candeur et de l'innocence, qu'elles nous rappellent ces momens trop courts de l'existence, où, contens du présent, sans regret du passé, sans crainte sur l'avenir, le silence des passions couvre encore d'une heureuse illusion les peines inséparables de la vie ; que, dédiées au mérite, à la valeur ; qu'offertes à l'amitié, à la beauté, elles parlent à nos souvenirs et à nos affections. Signalons à l'amour et au respect de nos concitoyens, à la reconnaissance et aux hommages de nos descendans, ces noms chers à la France et dont s'enorgueillissent toutes les époques de notre histoire. Ces belles fleurs seront toujours le sujet d'une inépuisable admiration ; mais ne prétendons pas vouloir exprimer par d'infidèles ou d'insignifiantes dénominations les sentimens qu'elles nous font éprouver.

CHAPITRE V.

CONSIDÉRATIONS SUR LA CULTURE D'AGRÉMENT SOUS
LE RAPPORT DU COMMERCE.

EN considérant la culture d'agrément en général sous le rapport du commerce, nous devons nous étonner de son peu d'importance chez nous. Paris même, ce centre de tous les arts, ce rendez-vous de tous les grands talens, qui voit naître, chaque jour, une nouvelle industrie, ou perfectionner une ancienne découverte, n'a qu'un très-petit nombre d'établissemens en ce genre. Depuis quelques années, à la vérité, cette culture a obtenu un peu plus de faveur; mais elle est encore bien loin d'être en rapport avec les progrès qu'ont faits tous les arts qui tiennent au luxe et qui donnent plus d'extension aux jouissances de la vie. Le point de civilisation où nous sommes parvenus a donné naissance à de nouveaux besoins, créé de nouveaux plaisirs, changé d'anciennes habitudes : espérons qu'un jour, lorsque notre imagination aura épuisé toutes les ressources de l'art et les conceptions du génie, nous appellerons à notre secours les plaisirs plus simples, plus variés et moins dispendieux que la nature nous offre !

L'Angleterre et la Hollande sont les deux nations qui se sont le plus attachées à cette branche de commerce, et qui, par l'importance de leurs maisons de culture et l'étendue de leurs affaires, prouvent évidemment que cette partie mérite aussi les soins et les encouragemens du gouvernement. Je ne suis pas un admirateur outré des Anglais; mais je dois être équitable envers eux, dût même notre amour-propre en souffrir. La différence de pays ne saurait, dans aucun cas, dispenser d'être juste; imitons-les dans ce qu'ils font de bien, c'est le moyen de ne pas être obligés de les citer si souvent. Seul, sans nom, sans fortune, sans appui, je leur disputerai encore long-temps la prééminence dans la partie de la culture d'agrément que j'ai embrassée; mais toutes les fois que l'occasion se présentera de leur rendre justice, je la saisirai avec plaisir, quelle que soit d'ailleurs l'opinion plus ou moins avantageuse que j'aie à exprimer sur eux.

Cette branche de commerce, dont nous faisons en France si peu de cas, a obtenu et obtient encore chez eux une protection spéciale. Leur Société horticulturale, qui jouit de grands revenus, entretient chez eux une noble émulation, et peut, au besoin, récompenser le zèle et l'industrie de ceux qui ne seraient pas assez aisés pour tenter de grands essais ou suivre des expériences dispendieuses. Les services qu'une telle société bien organisée a dû rendre à ces cultures sont incalculables, et je ne balance pas à regarder cet établissement comme une des principales causes de la prospérité de leur commerce en ce genre. L'importance de leurs maisons de culture est un sujet d'étonnement pour nous, quand nous les comparons aux nôtres. Les maisons Lée et Lodigges entretiennent des relations suivies sur différens points du globe, et occupent peut-être, chacune, plus de cent cinquante personnes : on m'assure que les serres de cette dernière ont coûté plus d'un demi-million, et qu'il y a des parties de plus de quatre-vingts pieds de long, qui ne contiennent qu'un seul genre de plantes ; ce qui peut donner une idée des prodigieuses multiplications. Les ressources que le commerce maritime leur procure sont, à la vérité, d'une grande importance, et sont sans doute une des causes de leur prospérité ; mais il n'en est pas moins vrai qu'il a fallu d'abord que, dans l'origine, le gouvernement encourageât le goût de ces cultures, et ne dédaignât pas d'entrer dans les principaux détails. L'impulsion est aujourd'hui donnée, et l'état auquel cette industrie profite peut s'en reposer avec sécurité sur la Société horticulturale. C'est le propre d'une culture quelconque d'avancer vers sa perfection en raison de l'avantage qu'on trouve à s'y livrer, ou même de la considération qu'elle peut procurer à celui qui s'en occupe. Cette vérité incontestable, les Anglais l'ont bien sentie, et c'est une justice qu'il faut leur rendre. Dans la confection de leurs serrés, dans les soins de détails, dans la préparation de leurs terres, dans le parti à tirer de toutes les matières susceptibles d'être amalgamées avec elles ou converties en engrais, ils nous ont laissés derrière eux. Il n'y a pas encore bien des années qu'ils nous ont appris le parti que l'on pouvait tirer des os que nous perdons, et même des plus vils rebuts. On dirait qu'ils naissent avec l'instinct du commerce, et il serait difficile d'imaginer ce qu'ils n'ont pas vendu, ou ce dont ils n'ont pas su tirer parti. Ils ne sont pas nés cependant plus favorisés de la nature que nous sous le rapport des facultés intellectuelles, et ils le sont moins sous celui du climat; mais chez eux le goût des plantes d'agrément est commun à une grande partie de la classe aisée et même opulente; une serre n'est pas un objet de luxe, et les choses s'y vendent ce qu'elles valent, parce que la multiplication de ces plantes, quelque considérable qu'elle paraisse, n'est toujours réellement qu'en proportion de la consommation. Le marchand, sûr de placer, peut donner un libre essor à son industrie sans crainte de se voir exposé, par le défaut de vente ou par des malheurs imprévus, aux situations critiques où nos cultivateurs se sont quelquefois trouvés (1).

Au besoin, l'État serait pour eux une seconde Providence ; ils le savent, et la noble confiance qu'ils ont dans leur gouvernement devient pour eux un puissant sujet d'encouragement.

______

(1) En 1814 et 1815, M. Descemet eut ses pépinières détruites par les troupes anglaises, et fut, par suite de ce malheur, obligé d'abandonner son commerce. Je rends trop de justice aux chefs de cette nation pour croire qu'aucun motif de jalousie ait pu contribuer à une telle dévastation ; mais M. Descemet, malheureusement pour lui, était maire de Saint-Denis lors de l'une de ces invasions, et les soldats le surent. Il sollicita long-temps et en vain quelques secours du gouvernement, qui n'auraient été qu'un acte de justice, et un de nos principaux cultivateurs fut forcé de s'adresser à l'étranger. Si quelque chose peut consoler un Français que la nécessité oblige de quitter sa patrie, l'accueil favorable qu'il reçut dans les états de l'Empereur de Russie dut y contribuer et lui faire oublier l'indifférence de son pays.

Chez nous, au contraire, on n'a encore employé aucun de ces moyens dont d'autres peuples se sont servis avec tant de succès, et je ne sais trop ce qui pourrait autoriser une pareille incurie. Nos hommes d'état, dont la morale assez douce sait plier devant des considérations d'argent, et qui ne dédaignent pas de s'occuper quelquefois de loterie et de filles publiques, croiraient-ils descendre trop bas en donnant quelques soins à une branche de commerce dont nos voisins connaissent tout le prix? On entretient dans les domaines de diverses résidences royales un grand nombre d'arbustes et de plantes qui s'y cultivent avec beaucoup de frais, et qui, parvenus au moment d'être donnés (car on ne les vend pas), ont bien coûté à l'état dix fois plus qu'ils ne valent. On donne pour but de ces plantations l'intention d'entretenir le goût de la culture d'agrément chez les personnes qui, par leur position et le rang qu'elles occupent dans la société, peuvent donner de l'importance à ces cultures. De pareilles libéralités n'ont jamais fait un seul amateur. Il serait à désirer qu'on imprimât la liste de ceux qui reçoivent annuellement ces plantes, dont, en définitive, chacun de nous paie sa part : on y verrait figurer des ministres, des chefs de hautes administrations, des personnes enfin, qui, par leur rang et leur fortune, sont au-dessus de pareils dons, et dont la délicatesse même devrait s'en offenser. Je sais que ce moyen est assez commode pour créer et embellir ses jardins; mais l'état, en conscience, est-il obligé d'entretenir à grands frais des pépinières dispendieuses, pour le seul plaisir d'en donner le produit à ceux dont les hautes fonctions sont généreusement rétribuées, et qui sont à l'abri des réductions ministérielles? Qu'on me cite une seule de ces personnes auxquelles ces générosités aussi inutiles que déplacées aient jamais inspiré le goût de la culture? Ce que vous leur donnez est en pure perte : le véritable amateur ne vous demandera rien, et le cultivateur peu fortuné, qui pourrait trouver là quelques ressources pour son état, ne saurait parvenir jusqu'à vous. Ces sortes d'établissemens devraient se réduire à ne cultiver que ce qui est rigoureusement nécessaire pour l'entretien des jardins royaux ou ceux de la famille royale. Au-delà de cela, il sera toujours difficile d'en démontrer l'utilité, et peut-être encore, dans l'intérêt du commerce, devraient-ils être entièrement supprimés, à moins qu'ils ne soient alors consacrés à ne cultiver que des plants rares, dont il importerait au gouvernement d'étendre la culture, ou dont les premiers frais seraient trop dispendieux pour être supportés sans préjudice par la majorité des cultivateurs.

Un jour, sans doute, la France sentira mieux le besoin d'une Société horticulturale. Les exemples des autres états ne seront pas toujours perdus pour nous ; le moment viendra où, cédant au désir de la science et aux vœux du commerce, ceux que la confiance du roi aura placés au timon des affaires ne dédaigneront plus de s'occuper d'une branche d'industrie qui a fait la fortune et la réputation de plusieurs villes de la Hollande. Osons même espérer que l'époque n'est pas éloignée où le prince qui nous gouverne, dont la rare sagacité sait si bien saisir ce qui est avantageux à la prospérité publique, protégera par lui-même d'utiles institutions à cet égard, et où les membres de son auguste famille, imitant son exemple, prouveront qu'ils savent connaître le prix d'une bonne action comme d'une belle fleur ! Qui ne sait combien, dans ces sortes d'occasions, le goût du prince peut influer sur celui de la cour, et par suite sur celui du peuple ? Occupons-nous un peu moins de politique et un peu plus d'agriculture, les affaires de l'état n'en iront pas plus mal ; et s'il est vrai que les mi- nistres aient quelquefois réduit en système les moyens de donner le change à l'opinion pu- blique, ils ont, à coup sûr, oublié le meilleur ; et c'était celui-là. Les Français sont nés pour pré- tendre et parvenir à tous les genres de gloire : dirigez leurs goûts, honorez-en le but, et bien- tôt vous les verrez parcourir avec succès cette nouvelle carrière, et occuper une place hono- rable dans l'empire de Flore. Tous les peuples policés ont accordé à l'agriculture une protec- tion spéciale ; mais l'exemple du souverain vaut mieux que des réglemens et des ordonnances. Les Hollandais ont senti cette importante vérité : aussi, voyons-nous que le roi et ses enfans ne dédaignent pas de faire partie de leur Société d'horticulture, et de payer, comme les autres, leur tribut deux fois par an aux expositions pu- bliques. On m'assure que l'empereur d'Allema- gne, quittant souvent tous les attributs du rang suprême, s'occupe, par lui-même, des soins que réclament les plantes de sa serre particu- lière. Voilà de ces exemples qui sont bons à suivre, car ils parlent à l'esprit du peuple qui en est témoin et qui ne lit presque jamais vos ordon- nances. Veut-on une preuve plus frappante en- core de l'influence que peuvent avoir sur nos goûts, nos plaisirs, et je pourrais dire sur nos mœurs, ceux qui, par l'élévation de leur position, ont tant d'ascendant sur ceux qui les entourent? Je citerai Joséphine Beauharnais, cette femme vertueuse, qui, digne au moins par ses hautes qualités du rang élevé où les circonstances l'avaient placée, a rendu de si grands services à la culture d'agrément. Personne n'ignore qu'elle avait réuni à la Malmaison une des plus riches collections de plantes et d'arbustes, et qu'elle avait fait rechercher avec soin, chez nous comme chez l'étranger, ce qu'il y avait de rare. Les roses obtinrent d'elle une faveur spéciale : elle honora M. Dupont d'une bienveillance particulière, et ne crut pas descendre en s'entretenant avec lui. L'impulsion qu'elle sut donner à cette culture se fit bientôt sentir au-delà des lieux qu'elle habitait, et c'est réellement de cette époque que datent l'importance des découvertes en ce genre, l'amélioration des moyens de culture et l'augmentation du nombre des amateurs. Ses vertus et sa bienfaisance commandaient l'amour et le respect : son exemple animait tout autour d'elle, une noble émulation germait déjà dans le cœur de ceux qui n'étaient pas étrangers à la culture des fleurs ; et lorsque, dans ce même temps, j'arrachais péniblement quelques secrets à la nature, que sais-je si l'espoir d'une aussi haute protection ne guida pas mes premiers essais et ne soutint pas mon courage? car alors la considération publique ne m'avait pas encore dédommagé de mes travaux. Amateurs, mêlez quelquefois à vos jouissances le souvenir d'une femme dont la vertu imposa silence à tous les partis, et dont le nom fut cher à Flore comme à l'humanité. Si, pour connaître tout le prix des fleurs et les cultiver avec succès, il faut un cœur et des mains purs, qui mieux qu'elle pouvait prétendre à d'aussi douces récompenses, et faire renaître parmi nous le goût de cette intéressante culture? L'histoire, en transmettant son nom à la postérité, fera connaître sa bonté, sa bienfaisance : pour nous, conservons-le dans nos *Annales*, et puisse, un jour, la reconnaissance des amateurs placer à côté du sien des noms plus augustes encore!

Qui oserait nier l'influence de nos habitudes et de nos goûts sur nos mœurs? Ce n'est pas de chez les peuples pasteurs que sont sortis tous ces conquérans farouches qui ont tour-à-tour parcouru, ravagé et ensanglanté la terre. Ministres dépositaires de l'autorité souveraine, magistrats chargés de l'exécution des lois, si quelque crime vient menacer la tranquillité publique, ou porter l'épouvante et l'indignation dans le cœur des citoyens, ne cherchez point le coupable parmi nous ; exempts d'ambition, étrangers à tous les partis, amis de notre pays et jaloux de sa gloire, vous ne trouverez dans nos rangs que des hommes paisibles, qui vous offriront toujours pour garans de leurs sentimens l'innocence et la simplicité de leurs goûts et de leurs plaisirs.

Bien que les roses soient cultivées avec succès sur quelques points de la France, il est encore un grand nombre de nos départemens où cette culture se réduit au petit nombre de celles qui étaient connues il y a trente ans ; nos provinces méridionales me paraissent celles où on s'en occupe le moins, peut-être parce que la chaleur du climat présente plus de difficultés pour leur conservation : les départemens du Pas-de-Calais, du Nord, de la Somme, de la Seine-Inférieure, de la Seine, de Seine-et-Oise, du Calvados, de la Sarthe, de Maine-et-Loire, d'Indre-et-Loire, du Rhône et de la Moselle, sont ceux où cette culture est plus répandue et qui comptent le plus grand nombre d'amateurs. En déduisant ce que j'expédie à l'étranger, ces douze départemens consomment, à eux seuls, les deux tiers de ce que je vends annuellement en France. Les départemens voisins de la Hollande sont ceux où cette culture a d'abord obtenu le plus de faveur, et en général ceux situés au bord de la mer se font remarquer par l'inté-rêt qu'ils portent à cette fleur. Il a suffi plusieurs fois, sur un point, d'un seul amateur pour faire partager ses goûts et étendre en peu de temps la culture de cet arbuste. Il est permis de croire qu'avant peu d'années elle ne sera plus aussi circonscrite, et qu'elle se répandra dans les départemens où elle est encore presque ignorée. Peu d'arbustes présentent autant d'avantage pour les jardins paysagistes, et on est encore bien loin d'en avoir tiré tout le parti possible. Il existe maintenant plus de cent espèces ou variétés qui, par le nombre des fleurs dont elles se couvrent, leur vigueur, la variété et l'opposition de leur feuillage et même de leurs fruits, peuvent entrer avec succès dans la composition des massifs; il en est même un certain nombre que leur excessive végétation permet de placer dans les milieux, et qui rompraient avec avantage la monotonie que cause toujours le peu d'arbustes employés dans ces occasions. Plusieurs variétés sarmenteuses et rustiques pourraient s'utiliser en couvrant des berceaux; quelques-unes, adaptées contre les murs, se prêtent au palissage, à presque toutes les expositions. Enfin, peu difficile sur le terrain et mis à sa place, le rosier offre, à lui seul, pour la décoration et l'embellissement des jardins, plus de ressources que tous les autres arbustes réunis.

ESSAI

SUR LES ROSES.

IMPRIMERIE

DE MADAME HUZARD (NÉE VALLAT LA CHAPELLE),
rue de l'Éperon, n°. 7.